CHEMICAL ELEMENTI
Periodiskā tabula

Gandrīz bezgalīgs priekšmeti un materiāli mums apkārt ir faktiski veido tikai ierobežots skaits ķīmisko elementu . Mēs zinām, ka šodien 91 pastāv , protams, uz Zemes . Viņi sāk ar ūdeņradi, kas tika izveidots neilgi pēc tam, kadvisums stājās spēkā esamību . Citi 90 tika veikti vai nu kodolreakciju notiek kodolā dedzināšana zvaigznēm vai ar katastrofas sprādzienu sauc par supernovas , kas dažkārt rodas, kad zvaigznes mirst . Vēl vairāki elementi ir izgatavoti mākslīgi laboratorijās .

Katrs elements uzvedas atšķirīgi , un ir atšķirīgas īpašības no visām pārējām . Un informāciju par no elementiem ķīmiskajām īpašībām un ķīmisko savienojumu tie veido organizējot sistēma ir būtiska. Modernā periodiskā tabula ir balstīta galvenokārt uz darbu krievu ķīmiķis Dmitrijs Mendeļējeva kura tabula publicēta 1869 novietots elementi horizontālās rindās atbilstoši to svaram ar vienu rindu zemotra tā, ka visi elementi, ar līdzīgām īpašībām iekrita vertikālās slejās . In20.gs. ar iegūto zināšanu par struktūru atoma ,pareizs veids, pasūtot elementus tika atklāts , unpašreizējā periodiskā tabula tika formulēts .

Atomi sastāv no protoniem , neitroniem un elektroniem ir pamata sastāvdaļas elementiem . Angļu fiziķis Henrijs Moseley pierādīts, ka tas, kas nosaka uzvedību katra elementa ir tā kārtas skaitlis ,skaits protonu savā kodolā , nevis tās atomu svaru , kas irpasākums, no kopējā skaita protonu un neitronu kodols. Tāpēcpareizs veids, pasūtot elementu periodiskās tabulas bija to atomu skaitu . Kaut atomi noteiktā elementa ir vienāds skaits protonu tie var būt ar atšķirīgu neitronu skaitu . Tos sauc izotopi un to pastāvēšanu izskaidroatomu svars irticams rādītājs par pozīciju uz elementu periodiskā tabula .

Elementi ir sakārtotas pēc to atomu skaitļu rindās sauc periodus . Pārvietojas no kreisās uz labo pusi pāri periodu , ir pāreja no elementiem, kas ir metāli, tiem, kas ir nemetāli . Vertikālās kolonnas periodiskās tabulas sauc grupu . Visi elementi grupā ir līdzīgas ķīmiskās īpašības, un dažkārt dēvē par ģimeņēm elementiem .

KĀPĒC ELEMENTI grupas ietvaros ir līdzīgas CHEMICAL REŽĪMA

Atomu skaitu nosaka, cik negatīvi lādētiem elektroniem ir ietverti atomiem konkrēta elementa , un tā irstruktūra elektroni riņķo ap kodolu, kas nosaka , kā elementi reaģēt vienam ar otru. Šī elektronu sadalījums valence , vai ārējā apvalka , atomam ir pakļauti citiem atomiem , kad tie reaģē . Elementus, kuru valence čaulas ir pilnīgi pilnas ir ļoti stabils , un , šķiet, reaģēt ar gandrīz nekas cits . Tie, ar nepilnīgu čaulas mēdz reaģēt ar citiem atomiem tādā veidā, kas papildinās šīs čaumalas . Atomi ar līdzīgu valence - čaulas konfigurācija ir līdzīgas ķīmiskās īpašības . Elements vienā grupā periodiskā tabula ir vienāds skaitu valences elektroni .

Periodiskā tabula , tad irkarte , kādā veidā elektroni vienotos par sevi atomiem konkrētā elementa . Spēja prognozēt ķīmisko uzvedību elementu , pamatojoties uz rindu un kolonnu , kurā ir konstatēts, padara periodiskās tabulas ir nenovērtējams atsauces instruments praktizētāju zinātnes .

ŪDEŅRAŽA
Atomu skaits : 1
Ķīmiskais simbols : H
Grupa: 1A

Ūdeņradis sastāv no nekas vairāk kā vienu protonu , kas kalpo kā tās kodols , ap kuriem vienu elektronu . Tā vienkāršība palīdz izskaidrot, kāpēc tas ir līdz šimvisbiežāk sastopamais elements , kas veido 93 % no visiem atomiem Visumā . Ūdeņradis irgāze, kas nav smaržas vai garšas , ir pilnīgi bezkrāsains , un ļoti flammable.the kombinācija ūdeņradis ar skābekli rada tās visbiežāk savienojumu , water.hydrogen atrodama arī organiskie savienojumi , bioloģiskus savienojumus , kas atrodas dzīvo organismu, jo smaržas , krāsvielas , pesticīdi , izraudzītajām valsts iestādēm un olbaltumvielas ! Sarakstā tālāk un tālāk!

HELIUM
Atomu skaits : 2
Ķīmiskais simbols : Viņš
VIII grupa- Cēlgāzes

Tāpat kā visiem cēlgāzes , hēlijs ir bezkrāsaina un odourless.together ūdeņradis un hēlijs veido pārsteidzošu 99,9 % no elementu Visumā . Tās nosaukums cēlies no grieķu " Helios ", kas nozīmē " saule " . Hēlijs no saules ražo kodolsintēzes ūdeņraža . Šī reakcija piegādā enerģiju,saule izstaro kosmosā . Hēlijs ir zems blīvums un tādēļ noderīga blimps un rotaļu baloni tās ieņēmumu pieaugumam air.astrnomers izmantot ļoti aukstu šķidrumu no hēlija , lai novērstu siltuma " troksnis" , padarot to vieglāk un drošāk , lai saņemtu datus no tālām galaktikām .

LITHIUM
Atomu skaits : 3
Ķīmiskais simbols : Li
Grupa IA -sārmu metāli

Metāla litija ir ļoti reaktīvās un apvieno ar alumīnija veidot zemu blīvumu , strukturāli spēcīgu sakausējuma , ko izmanto lidaparātu un kuģi. Tas tiek izmantots arī kā pozitīvs terminālim vai anoda mazās baterijas, ko izmanto kameras, elektrokardiostimulatoru un kalkulatori . Litija hidroksīds irļoti efektīvs gaisa attīrītājs . Tā absorbē CO2 no gaisa, lai veidotu karbonāts . Litija ir augstākais siltuma jaudu neviena elementa . Šī īpašība padara to ideālu siltuma pārneses materiāls , un tā tiek izmantota eksperimentālos kodolreaktoru absorbēt siltumu , ko ražo fissioning urāna .
Medicīnā litija karbonāta un litija citrāts ir pazīstami kā ļoti efektīvs garastāvokļa stabilizatoriem mānijas - depresija .

berilijs
Atomu skaits : 4
Ķīmiskais simbols : Be
Grupas IIA -The sārmzemju metālu

Tīrā veidā , berilija irgaisma , diezgan grūti, pelēki balta metāla . Tāpat kā visiem metāliem , kas veido sārmzemju grupu , tas ir pārāk ķīmiski reaģējošas , kas atrodas tās brīvā stāvoklī . Minerāla iegulām beriliju tiek izplatīti visā Brazīlijā , Argentīnā un ASV . Kristāli beriliju ir pazīstama ar savu izsmalcināto izskatu . Gan smaragds un akvamarīns ir dabiskas dārgakmeņi formas šīs minerālvielas . Berilijs bijusi nozīmīga loma atklāšanas neitronu 1932 un joprojām noderīgi pētījumi par atomu kodoliem .

BORA
Atomu skaits : 5
Ķīmiskais simbols : B
III grupa

Bors irgrūti , trausliem , nemetālisko elementu . Tas parasti ir saistīts ar skābekli , ūdeni un nātrija saliktā sauc boraks , kas tiek izmantots kā tīrīšanas līdzekli un ūdens mīkstinātājs . Kad ūdens tiek mīkstināts ,magnija un kalcija aizstāj ar salīdzinoši nekaitīgs nātrija un kālija . Vēl viens bora savienojums ir borskābes Aced izmanto rūpnieciski lai Pyrex , īpaša termiskā izturīgu stiklu virtuvēs . Bors " stieņi " ir izšķiroša nozīme izmantošanu kodolreaktoriem . Tos var nolaist uz reaktorā , lai absorbētu neitronus tādējādi kontrolējot jaudas , ko ražo reaktorā .

CARBON
Atomu skaits : 6
Ķīmiskais simbols : C
IV grupa

Oglekļa veido tikai 0,09 % no Zemes garozas masas , bet tas irelements, būtiskākais dzīvību uz mūsu planētas . Carbon parādā tās centrālo pozīciju bioloģiskās pasaulē ar spēju tās atomiem , lai savienotu ar citiem oglekļa atomiem , lai veidotu garas ķēdes, kas ir vai nu lineāras vai sazarotas . Viens šāds sen piekēdēts molekulu DNS atrasts ģenētiskā materiāla visu dzīvo radību . Elementi var pastāvēt vairākas fiziskas formas , ko sauc par allotropes . Ogleklis ir atrodams allotropic veidiem grafīta , ogles un lielākā daļa pārsteidzoši dimantu.

NITROGEN
Atomu skaits : 7
Ķīmiskais simbols : N

V grupa

Slāpeklis nav nekādas jēgas stimulācijas īpašumu, un mēs pastāvīgi elpošana lielos daudzumos, kā mēs ieelpojam gaisu. Tajā dominē gāzes Zemes atmosfērā, kas veido aptuveni 78 % no tilpuma. Slāpekļa formas simtiem tūkstošu savienojumu, kas ir svarīgi, lai lauksaimniecības un rūpniecībaskuriem svarīgākie ir amonjaks. Savā gāzveida slāpekļa bieži lieto situācijās, kur tas ir svarīgi, lai saglabātu citiem, vairāk reaktīvas atmosfēras gāzes prom. Piemēram, lai novērstu oksidāciju vīna, vīna pudeles bieži vien ir piepildīta ar slāpekli pēckorķis tiek noņemts.

OXYGEN
Atomu skaits : 8
Ķīmiskais simbols : O
VI grupa

Skābeklis pastāv atmosfērā ūdenī, un zemes garozā, kas ir ļoti daudz dažādu iežu un minerālu. Ir svarīgi, lai dzīvi un daļu no katra bioloģiskās molekulas mūsu iestādes. Lai gan daudzi dabiskie procesi patērē skābekli, tas tiek pastāvīgi papildināts ar fotosintēzes, tādējādi pastāvīgi tiek patērētas un nepārtraukti tiek ražoti rūpnīcās. Angļu ķīmiķis Joseph Priestley tiek kreditēts ar atklāšanas skābekļa. Viņš silda oksīda dzīvsudraba un norādīja, kagāzes tā deva off izraisīja sveci dedzināt ar ļoti spīdīgu liesmas. Gāzes bija skābekļa !

fluors
Atomu skaits : 9
Ķīmiskais simbols : F

Grupā VII-Halogēni
Fluors irmazākais, vieglākais unvairums reaktīvās halogēna. Visas šīs grupas atomiem viegli kombinēt ar metāliem, veidojot sāļus. Daudzās pasaules nātrija fluorīda pievieno sabiedrisko ūdens apgādi. Pētījumi rāda, ka nelielos daudzumos fluora var kavēt attīstību dobumos zobiem. Klātbūtnē ar ūdeņradi, fluora deg ar sprādzienbīstamu Spēku ūdeņraža fluorīdu, kas, ja izšķīdināts ūdenī formās fluorūdeņražskābes. Tas ir ļoti bīstami. Tomēr tas tiek izmantots, lai izšķīdinātu stiklu, un to izmanto, lai gravēt dizainu uz stikla priekšmetiem.

NEON
Atomu skaits : 10
Ķīmiskais simbols : Ne
Grupas VIII A- Cēlgāzes

Neona tāpat kā visiem cēlgāzes ir vienatomu. Pazīstamās neona zīmes storefront un restorānu logiem satur neona gāzi, kas spīd, kad tas ir barojami ar elektriskās izlādes. Kad tas notiek, neon atomi gāzes izdala starojumu formā oranži sarkans gaismas. Tiek izmantotas dažādas gāzes, lai ražotu pazīmes dažādu colurs . Katru gāzes , kad satraukti izstaro savu raksturīgo krāsu . Commercial neona ražo gaisa sašķidrināšanas rūpnīcās . Jo neona ir viršanas temperatūra -229 grādu Celsija , tā paliek kā atlikums pēc tam, kadvairāk gaistošo slāpekļa un skābekļa ir vārītas off!

SODIUM

Atomu skaits : 11
Ķīmiskais simbols : Na
Grupas IA - sārmu metālu

Nātrija irļoti reaktīvs spilgts sudrabots metāls gaismas pietiekami peldēt uz ūdens un pietiekami mīksts, lai var griezt ar nazi . Tā irdaļa no daudzu svarīgu savienojumu , kas ir atrodami plaši izplatīti visā pasaulē . Nātrija hlorīds ,ķīmiskais nosaukums galda sāls ir jāizrok lielā daudzumā no dabīgiem sāls noguldījumiem. Nātrija bikarbonāts pazīstams kā sodas tiek izmantoti, lai cep preces rada kad silda vai mīklas mīkla pieaug , kad cep . To izmanto arī, lai neitralizētu pārmērīgu kuņģa skābumu , gan kā aģents ugunsdzēšamajiem aparātiem .

magnija

Atomu skaits : 12
Ķīmiskais simbols : Mg
II grupa A -The sārmzemju metālu

Magnijs ir klāt tādos lielos daudzumos jūras ūdenī , ka pasaules okeāni satur gandrīz neierobežotu piegādi izšķīdušo materiālu. Tās lielākā priekšrocība ir tā, ka tas ir ļoti viegls , kas arī padara to ideāli fabricating automobiļu un lidmašīnu daļas , elektroinstrumentu , zāles pļāvēju korpusiem un sacīkšu velosipēdi . Magnijs ir arī svarīgi, lai pareizu uzturu cilvēkiem , jo tas ir svarīgi pareizai darbībai vairāku fermentu . Tā arī ir izšķiroša loma make -up zaļo Hlorofilu klāt visos zaļo augu šūnās .

ALUMINUM

Atomu skaits : 13
Ķīmiskais simbols : Al
III grupa

Parasti sastopamas dabā kopā ar skābekli , alumīnijs irvisvairāk bagātīgs metāls zemes garozā . Tas ir viegls un labs diriģents elektroenerģijas , divas īpašības , kas padara to par ideālu sastāvdaļu plašu produktu klāstu . Tā irlieliska atstarotājs radiācijas un tiek izmantota dažāda veida antenas, siltuma atstarotāju, un saules spoguļi . Papildus šīm citām īpašībām , alumīnijs ir diezgan reaktīvs. Tas veido oksīda slānis, kas novērš to no turpmākām reakcijas ar vides tā, ka parasti tiek uzskatīts izturīgs pret koroziju . Alumīnijs ir arī nav toksisks , bez smaržas un garšas .

SILICON
Atomu skaits : 14
Ķīmiskais simbols : Si
IV grupa

Savienojumi silīcija saistoši ķīmiski skābekli veido lielāko daļu no zemes smiltīm, klintīm un zemes . Šodien silīcijs veido pamatu mikroelektronikas nozarē. Silikona mikroshēmu lietošana iespiedshēmu ļāvasarūk telpas izmēra, datorus uz tiem, kas var atpūsties jūsu klēpī . Svarīgākais silīcija savienojums ir silīcija dioksīds , kas pastāv divās formās - kvarca un kramu . Mazi dārgakmeņi un pusdārgakmeņi ir kristāli kvarca ar krāsainu piemaisījumiem . Silica tiek izmantota stikla ražošanā . Keramika un silikoni, ir citi svarīgi savienojumu klasēm , pamatojoties uz silīcija .

fosfors
Atomu skaits : 15
Ķīmiskais simbols : P
grupa VA

Fosfora atklāja ārsts HENNIG Brand 1669 . Viņš destilēts atlikumu no vārīta uz leju, urīna un ieguva kaut ko, kas kvēloja tumsā un sadega siltā gaisā . Fosfora un gaismas emisijas joprojām ir saistīti ar tā dēvēto fosforescence . Cinka sulfīds irluminiscējoši materiāls, kas dod off scintillations gaismas , kad pārsteidza ar ātri kustīgiem elektroniem . Šis efekts uz pārklājuma televīzijas caurule ražo TV attēlu. Gandrīz visi fosfors izmantoti komerciāli ir padarīt fosforskābi . Tās galvenais pielietojums ir ražošanas mēslojuma - augsnes bez fosfora ir neauglīgs . Sastopams divos veidos , ti, sarkanā un dzeltenā ,bijušais tiek izmantots, lai veiktu drošības spēlēs .

SĒRA
Atomu skaits : 16
Ķīmiskais simbols : S
VI grupa

Sēra ir reaģējoša non- metal atrodama dabā gan savā brīvajā elementārā stāvoklī un tādā veidā plaši izplatīto rūdu un minerālvielu . Dažas kopīgas minerālvielas Sēra ir ģipsis , ti, kalcija sulfāts un pyrite bieži sauc par " muļķi zeltu " . Turklāt attiecībā uz to nozīmi , veicot mākslīgo mēslojumu , saglabājot pārtikas , balināšanu tekstilizstrādājumu un tīrīšanas metālu , sēra savienojumi ir simtiem citām vajadzībām atgūt metālu no rūdas , veicot gumijas , mazgāšanas līdzekļi , krāsas un krāsvielas , kā arī sintētisko šķiedru . Patiešām tautas attīstības līmenis nosaka tās patēriņa sēra vienu iedzīvotāju .

HLORU

Atomu skaits : 17
Ķīmiskais simbols : Cl
Grupā VII-Halogēni

Hlors irindīgs dzeltenīgi zaļā diviem atomiem sastāvošs gāzi . Ieelpo pat nelielu summu , var izraisīt nopietnus plaušu bojājumus . Gada chorine toksiskums padaralielisku dezinfekcijas peldbaseiniem un ūdens apgādi . Svarīga Savienojums hlora ir ūdeņraža hlorīds ,gāzi, kas šķīst ūdenī , lai iegūtu sālsskābi . Sālsskābe ir klāt kuņģa sulas kuņģī , ja tas ir nepieciešams , lai aktivizētu proteīnu gremošanas fermentus . Ir izmantoti lielu daudzumu hlora ražot insekticīdus . Daudzi ir nesen aizliedza , jo tie tiek uzskatīti par vides piesārņotājiem.

ARGON
Atomu skaits : 18
Ķīmiskais simbols : Ar
Grupas VIII A- Cēlgāzes

1894 , argons kļuva par pirmo cēlgāzes atklāts. Tās komerciālo pielietojumu izmantot tās trūkuma reaktivitāti . Argons irsabrukšanas produkts svarīgu radio - izotopu izmanto iepazīšanās iežu paraugu , kāliju 40.The metode tiek saukta kālija - argona iepazīšanās . Kālijs ir neparasti ilgs pussabrukšanas 1,25 miljardiem gadu , un ir sastopams daudzās klintis. Ja kālija 40 sabrūk , tas pats pārveidojas argonu . Līdz ar to var noteikt vecumu, ar rock , nosakot , cik daudz argons ir klāt . Senākie ieži uz zemes , ir noteikta ar šo metodi kā 3,8 miljardus gadus vecs.

KĀLIJA
Atomu skaits : 19
Ķīmiskais simbols : K
IA GRUPA sārmu metālu

Kālijs ir ļoti reaktīvs tāpēc nekad nav atrasts tās brīvā stāvoklī dabā . Tas konstatēts jūras ūdenī , gan mazākām summām nekā nātrija , ķīmiskais ekvivalents . Kālijs ir svarīgi augu augšanai tik daudz kālija izšķīdušo minerālvielu aizņem augi nesasniedzot jūru . Dabā sastopamas izotops kālija ir potssium - 40.Human organismā ir 140 gramus kālija . Jopārpilnība kālija - 40 ir 0.012 procenti , mēs visi esam daļēji sastāv no šī reaktīvā izotopu . Tas irgalvenais faktors , lai mūsu mūža devu starojuma

KALCIJA
Atomu skaits : 20
Ķīmiskais simbols : Ca
II grupa A -The sārmzemju metāliem

Kalcijs irsvarīga sastāvdaļa, lai plašam dzīvo organismu . Cilvēka zobi un kauli satur kalciju un jūras orgāni veidot savas čaulas kalcija karbonāta . Kaļķi ,savienojums ar kalcija irbūtiska būvķīmijas . Viens no tās pirmajiem vajadzībām bija teātra apgaismojums . Ja kaļķi karsē augstā temperatūrā , tas izdala spēcīgu zilgani balta gaisma . Tas tika izmantots 19.gadsimta sākumā , lai apgaismotu dalībniekus rašanās ar frāzi " uzmanības centrā . " Iespējams,vissvarīgākais moderna izmantošana kaļķa atrodas dzelzs ražošanai no tās rūdu .

skandijs
Atomu skaits : 21
Ķīmiskais simbols : Sc
III grupa B Pirmajā rindā Pārejas elements

Skandijs vada pirmo rindu pārejas elementus . Visi ir diezgan nereaģē metāli un daudzi ir ļoti bīstami . Skandijs irļoti viegls metāls ar diezgan augstu kušanas temperatūru un rāda labu izturību pret koroziju . Šīs īpašības ir padarījusi lielu interesi aviācijas nozarē izgatavotu lidmašīnu . Skandijs veido dažas noderīgas savienojumus . Metāla pati ir atradusi kādu izmanto elektroniskās ierīces, piemēram, augstas intensitātes lampām , kas ražo gaismu ar krāsu vērtību tuvu dabīgajam saules gaismas . Lampas šāda veida bieži izmanto , lai apgaismotu futbola stadionos .

TITANIUM
Atomu skaits : 22
Ķīmiskais simbols : Ti
IV grupa B Pirmajā rindā pārejas elements

Titāna tīrā veidā , irmetāls, kas ir viegli strādāt un diezgan kaļams vai var tikt ievilkts vads . Neskatoties uz tās gaismas svars , tas ir neparasti spēcīgs un praktiski imūna pret parasto veidu metāla nogurums . Tas arī ir ārkārtas izturību pret koroziju , lai tā ir visas īpašums nepieciešams, lai padarītu toideāls materiāls dzinēju un raķetēm . Svarīgākais savienojums ir titāna dioksīdsviela ar intensīvu spīdīgu balto krāsu , kas tiek izmantots kā pigmentu krāsas , papīra un plastmasas .

vanādijs
Atomu skaits : 23
Ķīmiskais simbols : V
Grupa VB Pirmajā rindā Pārejas elements

Vanādijs irspilgti spīdīga metāla, kas ir diezgan mīksts un ļoti izturīgs pret koroziju . Meksikas profesors mineraloģija viz Andress Manuels del Rio atklāja vanādija 1801 . Tas vēlāk tika nosaukts pēc skandināvu dieviete Vanadis jo tā daudz skaisti krāsainu savienojumu . Aptuveni 80 % no vanādija ražots ASV nonāk ražošanā tērauda .

CHROMIUM

Atonisko numurs : 24
Ķīmiskais simbols : Cr
Grupa VI B Pirmajā rindā Pāreja Element

Hroma tika nosaukts no grieķu vārda " Chroma ", kas nozīmē krāsa . Skaista krāsa daudziem dārgakmeņiem - sarkanā rubīniem , raksturīgo zaļo smaragdu , ir sakarā ar klātbūtni izsekot summas hroma . Metāla parasti tiek iegūts no hromīta , oksīda hroma , kas ir tās vissvarīgākais rūdu . Kad kontaktā ar gaisu , hroms veido neredzamu oksīdu , kas padara to ļoti izturīgs pret koroziju un ir ļoti noderīgs gan kā dekoratīvu un aizsargājošu pārklājumu , salīdzinot ar citiem metāliem, piemēram, misiņa , bronzas un tērauda. Hroma izmanto arī, lai ražotu nerūsējošā tērauda .

mangāna

Atomu skaits : 25
Ķīmiskais simbols : Mn
Grupa VII B Pirmajā rindā Pāreja Element

Mangāns irgrūti pelēks un balts metāls , kas izskatās un ir daudzas īpašības, līdzīgas dzelzs. Pievienojot mangāna tērauda padara ir neparasti grūti un izturīgi pret šoku . Piemēram, tērauds ir ideāli piemērots lietošanai šautene mucās , banku velves , dzelzceļa sliedēm , un zemes rakšanas aprīkojumu. Mangāna arī piebilst, cietība, izturība un izturība pret koroziju uz sakausējumu alumīnija un magnija . Savienojums kālija permanganāts ir purpura krāsā , kas dažkārt redzams antikvāru stikla. Lai gan stikla ražotāji vairs izmantot mangānu , tā spēja krāsu objektu lieto, lai atdzīvoties keramikas un keramikas .

IRON

Atomu skaits : 26
Ķīmiskais simbols : Fe
Grupa VIII B Pirmajā rindā Pārejas elements

Dzelzs , iespējams,visbiežāk metāla cilvēka sabiedrībā . Vai mēs ar skrūvgriezi vai braukšana ar automašīnu vai vilcienu ,nozīmi un lietderīgumu dzelzs kā konstrukciju materiālu ir pašsaprotams . No zemes, kas pazīstams kā galveno interior ir izgatavots no izkausētā metālā . Spēja pilnveidot metāla kalpoja kā galvenais pagrieziena punkts cilvēka attīstībā pazīstama kā dzelzs laikmeta (1000 BC) . Tā atklāšanas pārsvaru rīkus un ieročus , kas bija cietāks un izturīgāks nekā bronzas laikmeta . Šodien vairāk nekā 90% no visiem pārstrādes metālu ir dzelzs .

COBALT

Atomu skaits : 27

Ķīmiskais simbols : Co
Grupa VIII B Pirmajā rindā Pārejas elements

Galvenais rūdas kobalta ir cobaltite . Tīrs metāls ir iegūts, grauzdēšanas šo ore. Nosaukums kobalta cēlies no vācu " Kobold ", kas attiecas uz ļauno garu . Kalnračiem bieži teica, ka negadījumi , kas rodas prātā izraisīja " Kobold ' . Kobalta pievieno tērauda , lai uzlabotu tā izturību pret koroziju . Ja kobalta sajauc ar volframa un vara , tas veido stellite , metāla , kas saglabā savu cietību augstā temperatūrā padarot to ideāli piemērots liela ātruma treniņi un griešanas instrumenti . Piemēram, dzelzs kobaltu viegli magnetized . Spēcīgs magnētiskais viela, pazīstama kā AlNiCo irsakausējums kobalta , alumīnija un niķeļa .

NICKEL
Atomu skaits : 28
Ķīmiskais simbols : Ni
Grupa VIII B Pirmajā rindā Pārejas elements

Niķeļa bieži pievieno citiem metāliem, piemēram, dzelzs un tērauda, veidot sakausējumus izturīgi pret oksidāciju . Nichromemetāla, ko izmanto , lai veiktu apkures elementus tosteri un elektriskajām plītīm , irsakausējums hroma un niķeļa . Liela elektriskā pretestība sakausējuma apvienojumā ar augstas kušanas punktu padara toļoti efektīvs materiāls, lai pārvērstu elektroenerģiju un siltumu . Svarīga izmantošana metāla ir niķeļa- kadmija baterijām . Šis akumulators ir uzlādējams , kas padara to īpaši noderīgi kalkulatori , datoru un bezvadu elektriskos skuvekļus .

COPPER
Atomu skaits : 29
Ķīmiskais simbols : Cu
IB grupa Pirmajā rindā Pārejas elements

Pazīstams ūdens izmantošana ir caurules , kas veic ūdens virtuvē . Tāpēc, ka vara ir viens no labākajiem vadītājiem elektroenerģijas , vara vadi tiek plaši izmantotas, lai pārraidītu elektroenerģiju no spēkstacijām uz mājām , biroju , rūpnīcu un citām ēkām un no sienas kontaktligzdas uz elektroierīcēm . Vara reiz tika izmantota , lai veiktu pogas vienotu vestes policistiem tādējādisarunvalodas " vara ", lai policija . Misiņa ,vara un cinka ir plaša spektra lietojumu no aparatūras uz cinku .

ZINC
Atomu skaits : 30
Ķīmiskais simbols : Zn
I grupa B Pirmajā rindā Pārejas elements

Tīrā veidā , cinks irgrūti , trausliem , sudrabots metāls . Tas ir salīdzinoši izturīgs pret koroziju un ātri veido cietā oksīda pārklājumu, kas novērš to reaģēt tālāk ar gaisu . Šajā procesā , ko sauc galvanizācija,slānis cinka pārklājumu pār tērauda, lai novērstu koroziju . Metāls ir daudz citiem mērķiem . Viens nosvarīgākā ir kopējā sauso elementu bateriju . Kopš 1981 cinks ir kalpojis kā galvenais metāla ASV penss . Cinks ir arī kopā ar varu , lai veidotu misiņa .

gallijs
Atomu skaits : 31
Ķīmiskais simbols : Ga
III grupaPost Pāreja metāla

Gallija irļoti mīksts metāls ar ļoti zemu kušanas temperatūru , un ārkārtīgi augstu viršanas punktu 2403 grādu pēc Celsija . Temperatūru , kurā gallija ir šķidrums klāsts irlielākā no visām zināmajām metālu . Tas padara to noderīga īpašām augstas pakāpes termometriem . Vēl bija zināms, nesen daži praktiski pielietojumi gallija . Tas strauji mainījās ar atklājumu , ka gallija arsenīda varētu darboties kā lāzera diode un pārvērst elektroenerģiju tieši lāzera gaismu . Gaismas diodes tiek izmantotas dažādas pulksteņi un autodisc spēlētājiem.

GERMANIUM
Atomu skaits : 32
Ķīmiskais simbols : Ge
IV grupanemetāls

Germānijs irsalīdzinoši reti tumši pelēka cieta elements . Tas nekad nav atrodama tīrā veidā dabā , bet apvienoti ar skābekli . Germānijs saucpusvadītāju . Ar nelielu daudzumu piemaisījumu Turklāt ievērojami palielina savu spēju vadīt elektrību . " Piedevām " germānijs tiek izmantoti, lai tranzistori , kas ir pie sirds cietvielu elektronikas nozarē . Ar dopinga desmitiem tūkstošu tranzistoru tagad var veidoties uz maza germānija mikroshēmas, kas faktiski kļūstmazs dators . Minētie materiāli ir iespējamsrevolūciju elektronikas miniaturizācijas .

ARSENIC
Atomu skaits : 33
Ķīmiskais simbols : As
Grupa VA nemetāls

Arsēna irtrauslā kristāliska viela istabas temperatūrā . Formā arsenious oksīda tas irlabi zināms inde . Tas tiek izmantots kā herbicīdi un insekticīdu. Arsēns kā indes ir notverti iztēle daudzu noziegumu rakstnieks . Pirms nesenajiem sasniegumiem tiesu paņēmieniem , nebija iespējams noteikt upura ķermeni . Lai ganinde , arsēna savienojumi ir izmantoti medicīniskiem nolūkiem , kā arī, visvairāk labi zināms būtni '606 ' izstrādāja Paul Ehrlich kā izārstēt sifilisu .

SELENIUM
Atomu skaits : 34
Ķīmiskais simbols : Se
Grupa VInemetāls

Selēns nesošās minerālvielas ir pārāk niecīgi , lai iegūst peļņu . Jo nemetāls ir atrodams uzņēmuma vara un sēra , gandrīz viss selēns ir atgūta kā vara rafinēšanas bye - produktu un ražošanai sērskābes . Selēns ir divas formas - sarkano un pelēko . Pelēks selēns irfotovadītāja nozīmē, ka , lai ganslikts diriģents elektroenerģijas Parasti, tas kļūst un lielisks diriģents klātbūtnē gaismas. Tas padara selēns vērtīgs gaismas sensoru robotika un gaismas metri.

BROMA
Atomu skaits : 35
Ķīmiskais simbols : Br
Grupa VIIHalogēni

Broms irsarkanīgi šķidrums ar skarbs smaržu . Tās nosaukums ir atvasināts no grieķu bromos nozīmē smaka . Broms var atrast jūras ūdenī , pazemes sāls raktuvēs , un dziļi sāļjumā akas . Galvenais izmantošana broma ir ražo benzīna piedevu sauc etilēna dibromīds . Šis savienojums noņem svina piedevas pēc benzīna sadegšanas novēršot veidošanos svina noguldījumiem. Broms ir ļoti toksisks un apdegumus ādu . Turklāt tās kaitīgi tvaiki var bojāt deguna un rīkles .

kriptona
Atomu skaits : 36
Ķīmiskais simbols : Kr
Grupu VIII A Cēlgāzes

1933 Linus Pauling apstrīdēja ideju, ka cēlgāzes bija ķīmiski inerts . Savienojuma Viņš prognozēja, ar kriptona un fluora esamība tika apstiprināta 1966 . Kriptona irbez smaržas , garšas , bezkrāsains pilnīgi nekaitīga gāze . Tās galvenais pielietojums ir " neona ", lukturi, kas irdaļa no mūsdienu ainavu. Ja noslēgtā stikla caurulē un pakļauj elektriskās izlādes , kriptons rada gaiši violetu krāsu izmanto lidostu skrejceļu un nolaišanās gaismas . Kriptona lieto arī sajauc ar ksenona ar augstu intensitāti , īslaicīgas iedarbības foto zibspuldzes vai strobe gaismas .

rubīdija
Atomu skaits : 37

Ķīmiskais simbols . Rb
IA GRUPA sārmu metālu

Rubīdija irsudrabaini , ļoti mīksts ļoti reaktīvs metāla, kas deg spontāni , kad kontaktā ar gaisu . Tas arī reaģē ar ūdeni , kas veic lielu daudzumu ūdeņraža ka uzreiz pārrāvumi liesmās , jo siltuma reakcijā radīts. Rubīdija ir pārāk reaktīvs pastāvēt kā tīru metālu dabā un dažām rubīdija nesošās minerālvielas ir zināmi . Rubīdija ir maza tirgus vērtību. Metāla tika atklāts 1861 vācu ķīmiķi Robert Bunsen un Gustav Kirchoff . Viņi arī noteica to, spektrālo līniju par piemaisījumu starp daudziem sārmu metālu viņi izmeklē .

stroncija
Atomu skaits : 38
Ķīmiskais simbols : Sr
Grupa IIA sārmzemju metālu

Stroncijs ir maz komerciālu izmantošanu un tā savienojumi ir atraduši tikai ierobežots pielietojums rūpniecībā . Tā kā stroncija sāļi, piemēram, stroncija karbonāts izdala raksturīgo sarkano krāsu , ja tās sadedzināt , tie tiek izmantoti automaģistrālēm brīdinājuma signālraķetes un uguņošanas . Viens no Stroncija izotopi , Sr -90 irradioaktīvs pēc produkta kodolsprādzienus un var piesārņot lielas teritorijas videi, nokrišņus no atmosfēras . Tā kā stroncija 90 tiek ražots , ja urāns iziet dalīšanos operatoriem kodolreaktoru jābūt pastāvīgi modriem , lai novērstu tā nejaušu izlaišanu vidē .

itrija
Atomu skaits : 39
Ķīmiskais simbols : Y
III grupa B Pāreja Element

Itrijs ir konstatēts nelielos daudzumos zemes garozā , bet ieži celta atpakaļ no Mēness bija negaidīti augsts itrija saturu . Ja to temperatūra tiek pazemināta līdz tikaidažus grādus virs absolūtās nulles , gandrīz visi metāli neuzrāda elektrisko pretestību whatsoever . Ļoti zema temperatūra ir nepraktiski tomēr. 1987.gadā zinātnieki paziņoja atklāšana savienojuma ar itrija , vara un bārija oksīda , kas tika supervadošus pie 93 grādiem Kelvina . Pārējie maisījumi šā elementa tiek izmeklēti , un tur ir optimisms, ka viens no viņiem varētu izrādītiespraktiski augsta temperatūra supravadītāja .

ZIRCONIUM
Atomu skaits : 40
Ķīmiskais simbols : Zr
IV grupa B Pāreja Element

Cirkonija irstipra , izturīga metāla . Tā spēja izturēt augstu temperatūru padara toideāli sastāvdaļa karstumizturīgiem materiāliem kosmosa . Vispazīstamākais savienojums cirkonija irmetāla cirkons . Tā ir pazīstama kopš seniem laikiem un pat minēts Bībelē . Atrodami dažādas krāsas , kadkristāls ir griezti un pulēti tas tiek uzskatīts par daļēji precious gem . Cirkons ir ļoti augsts rādītājs refrakcijas . Sakarā ar šo, tā bezkrāsaini kristāli ir neparasts spožumu un dažreiz izmanto kā aizstājēju dimantu .

niobija
Atomu skaits : 41
Ķīmiskais simbols : Nb
Grupa VB Pārejas elements

Niobija ir bijusi liela nozīme vēsturē augstas temperatūras Superconductivity . Sakausējumu , kas sastāv no niobija un germānija ir spēja izturēt lielu strāvu , kas ļauj būvēt supravadītāju magnētu tādiem instrumentiem kā kodolmagnētiskās rezonanses skeneri , ko izmanto diagnostikas medicīnā . Niobija pievieno tērauda īpašiem mērķiem . Augstā temperatūrā robežas starp mazo graudu , kas veido nerūsējošā tērauda vājinātu un nerūsē vieglāk nekā pārējā tērauda . Niobija pievienošana novērš šo no realitāte ļaujot tērauda izturēt daudz lielāku temperatūru zem galējās stress .

molibdēns
Atomu skaits : 42
Ķīmiskais simbols : Mb
Grupa VI B Pāreja Element

Molibdēns irgrūti sudrabots metāls . Diezgan lieli noguldījumi molibdātu atrodami Kolorādo, ASV. Tērauds , kas satur molibdēna ir labi piemērots lidaparātu un auto dzinēja detaļām . Tas spēj izturēt temperatūras un spiediena izmaiņas, nepārtraukti notiek dzinēju . Tā paša iemesla dēļ tas tiek izmantots ražošanā pistoles un lielgabalus . Viens no radioaktīvo izotopu , molibdēnu - 99 izmanto slimnīcās , lai radītu Tehnēcija - 99 , kas ir ļoti noderīga , lai fotografētu iekšējo orgānu pēc tam, kad veikti iekšēji.

tehnēcijs
Atomu skaits : 43
Ķīmiskais simbols : Tc
Grupa VII B Pāreja Element

Tehnēcijs bijapirmais elements, kas ražots laboratorijā no cita element.logically tā uzņemas savu nosaukumu no grieķu teknetos nozīmē mākslīga . Katram izotopu ir radioaktīvi un sabrūk , lai veidotu izotops atšķirīgu elementu . Šodien kodolreaktori ražo vienu no visvairāk noderīga izotopu tehnēcijam , tehnēcija - 99m . Kad tas ir ievada vēnās pacientaizotopu koncentrēsies atsevišķās ķermeņa orgāniem un to radioaktivitāte būs jāsaskaras fotogrāfiskās plate atklāj , kā šie orgāni darbojas .

rutēnijs
Atomu skaits : 44
Ķīmiskais simbols : Ru
Grupa VIII B Pāreja Element

Rutēnijs irreta elements, kas parasti tiek atgūta , kāar produktu rafinēšanas platīna rūdām. Galvenokārt rutēnijs tiek izmantots kā katalizators rūpnieciskajos procesos . Tas ir ticis izmantots kā katalizators iegūt ūdeņraža gāzi tieši sadalot ūdens molekulas, nevis electrolysis.Rutheniumis arī izmanto juvelierizstrādājumu biznesā , kā cietēšanas piedevu platīna un bieži pievienots titāna , lai uzlabotu tā izturību pret koroziju . Citi sakausējumi rutēniju izmanto tintes pildspalvu punktiem un īpašiem elektriskajiem kontaktiem .

rodijs
Atomu skaits : 45
Ķīmiskais simbols : Rh
Grupa VIII B Pāreja Element

Rodijs irreti , ļoti grūti sudrabaini pelēks metāls . To atklāja William Wollaston 1803 . Viņš nosauca to pēc grieķu vārda rhodon par rozi , jo daudzi no sāļu ir sārto krāsu . To izmanto katalītisko neitralizatoru automašīnām. Izplūdes gāzes irgalvenais avots atmosfēras piesārņojumu. Katalizatoru ir piepildīta ar maziem katalītiskajiem lodītēm , kas satur platīnu, palādiju un rodiju , kas pārvērš karstā izplūdes gāzes , kas iet caur tiem uz nekaitīgiem produktiem.

PALLADIUM
Atomu skaits : 46
Ķīmiskais simbols : Pd
Grupa VIII B Pāreja Element

Palladium irmīksts sudrabaini balts metāls , kas līdzinās platīna . Tas ir ļoti kalšanai un kaļamā . Interesants izmantošana pallādija radās , kad tika serendipitously noteikts, ka tas bija noderīga, ārstējot vēža , kavējot šūnu dalīšanos un bija salīdzinoši bez blakusparādībām . Ar pussabrukšanas tikai 17 dienas ,palladium103 izotopu var sniegt spēcīgu starojuma devu , lai iznīcinātu vēža un pēc tam pazūd pēcnedaudz vairāk nekā mēnesi .

SILVER
Atomu skaits : 47

Ķīmiskais simbols : Ag
IB grupa Pārejas elements (monēta Metal)

Sudraba ir viena no nedaudzajām metāliem atrasts brīvā stāvoklī raksturs un tās
simbols Ag nāk no latīņu vārda Argentum kas nozīmē sudrabu . Tā irnauda metāla kopš
Bībeles laikiem , varbūt pat agrāk . No visiem metāliem , sudrabs irlabākais diriģents
siltuma un elektroenerģijas . Tas parasti netiek izmantots mājas elektroinstalācijas dēļ
rēķina , bet plaši izmanto ražošanā augstas kvalitātes elektroniskās iekārtās .

CADMIUM
Atomu skaits : 48
Ķīmiskais simbols : Cd
II grupā B Pārejas elements

Kadmijs ir klāt tādos lielos daudzumos cinka rūdas , ka to parasti uzskatapar produkta
cinka rafinēšanai . Galvenais izmantošana metāla ir elektropārklāšanai no tērauda , lai
novērstu tās no korozijas . To lieto retāk nekā cinks , jo tas ir tik bagātīgs , un ir tieksme
izraisīt veselības problēmas . Kadmija spēja absorbēt neitronus , ir liela nozīme ,
izstrādājot kodolreaktoru kontroles stieņi. Kadmijs tiek izmantots arī kā sarkanā un
dzeltenā pigmenta padarot krāsu.

indijs
Atomu skaits : 49
Ķīmiskais simbols : In
III grupaPost pārejas metāla

Indijs irreta zilgana balta metāla pietiekami mīksts, lai atstāt pēdas sevi , kad enerģiski
paberzē pret citiem metāliem . Tīra indija ir maz komerciāliem mērķiem , un to
galvenokārt izmanto kā sakausējumu ar citiem metāliem . Sakausējumi, indija un
sudraba un indija un svina ir labāki vadītāji nekā sudraba vai svina atsevišķi . Viņi ir arī
konstatēts lietojums ražošanā tranzistori un foto šūnām . Indija folijas bieži tiek
ievietota kodolreaktorus , lai kontrolētu kodolreakcijas . Likmi, pēc kuras šie ieroči kļūst
par radioaktīvo kalpo par vērtīgu mērījumu reakciju notiek .

TIN
Atomu skaits : 50
Ķīmiskais simbols : Sn
IV grupaPost Pāreja metāla

Tin bija viena no pirmajām metāliem cilvēku izmanto . Bronzas ,vara un alvas tika
izmantota Ēģiptē vairāk nekā pirms 5000 gadiem. Šodien tas ir galvenokārt izmanto kā
sakausējumu aģents un padarīt skārda plāksni , kas ir tērauda loksnēm klāts ar plānu
pārklājumu alvas . Jo alvas aizsargā tēraudu no pārtikas skābes , alvas plāksnes tika

izmantoti, lai konservu kārbas pārtikas produktu, bet tagad ir lielā mērā ir aizstājusi ar plastmasas un alumīnija . Tas ir viens no formējamo metāliem zināma.

antimons
Atomu skaits : 51
Ķīmiskais simbols : Sb
Grupa VA nemetāls

Antimons irgrūti , trausliem , kristālisks , pelēcīga , ciets . Kaut pazīstams kā metāla , tas irļoti slikti diriģents elektroenerģijas . Rūdas , kas kalpo kā primārais avots ir minerālu stibnite . Melna savienojums , tas tika izmantots senatnē , lai iegūtu tumšāku sieviešu uzacis . Galvenais izmantošana, lai antimona ir kopīgs drošība spēles . No Matchstick galva satur maisījums antimona trisulfide un oksidētājs , piemēram, kālija hlorāta . Antimons ir maz citu komerciālo izmantošanu. Sakausējums tas var palielināt cietības Daudzu metālu .

telūrs
Atomu skaits : 52
Ķīmiskais simbols : Te
Grupa VInemetāls

Telūrs irreta sudrabaini baltas nemetāls . Atšķirībā no tipiska metāliem , tas ir trausls unslikts diriģents elektroenerģijas . Telūrs ir viens no nedaudzajiem elementiem, kas apvieno ar zeltu . Savienojumi ir formas sauc par zelta tellurides un tie veido ļoti svarīgu sastāvdaļu zelta gultņu rūdu . Telūrs bieži tiek atgūta , kāar produktu izsmalcinātību zelta un arī vara . Galvenais izmantošana telūra ir kā piedevu tādiem metāliem kā vara un nerūsējošā tērauda , lai izveidotu sakausējuma , kas ir vieglāk mašīnu nekā oriģinālā metāla.

JODA
Atomu skaits : 53
Ķīmiskais simbols : I
Grupa VIIA halogēna

Jods irvioleti melnas cieta atrodami jūraszālēm , sālījumā akas un jūrā . Kaut arīinde , kas ir viens no tās visbiezāk izmantošanas veidiem ir antiseptisku šķīdumu tinktūra joda . Joda sāļus pievieno galda sāli un dzīvnieku barību . Tas tiek darīts, jo jods irsvarīga sastāvdaļa hormona tiroksīna izdala vairogdziedzera dziedzeri , un palīdz nodrošināt, ka dziedzeru darbojas pareizi . Sudraba jodīds ir spēja veidot milzīgo skaitu kristāli - tik daudz kā viens miljons miljards no viena grama - , kas darbojas kā kodolu , kas lietuslāsi veidošanos .

XENON
Atomu skaitu ; 54
Ķīmiskais simbols : Xe
Grupu VIII A Cēlgāzes

Xenon pastāv atmosfērā tikai nelielā daudzumā . Tāpat kā citas cēlgāzes tas pastāv kā vienatomu molekulas , kurai nav krāsu smarţu vai garšu. 1962 , Neil Bartlettangļu ķīmiķis , kas pirmo cēlgāzes savienojums . Viņš kombinēt ksenonu un platīna heksafluorīdu un daudz viņa izbrīnu iegūst stabilu , dzeltens , oranžs savienojums, kas sastāvēja no molekulu ksenona , platinim un fluora . Līdz šim xenon un kriptons ir vienīgie cēlgāzes zināms, lai veidotu savienojumus . Tāpat kā citas cēlgāzes , ksenona izmanto elektriskās izlādes lampām , lai ražotu gaismu .

CĒZIJA
Atomu skaits : 55
Ķīmiskais simbols : Cs
IA GRUPA sārmu metālu

Pure cēzija irmīkstākais metāls zināms . Tā galējā reaktivitāte ir padarījusi noderīga novēršot nevēlamu gāzes no vakuuma sistēmas , piemēram iekšpusē televīzijas caurule . Izotopu cēzija - 133 kalpo kā pasaules oficiālā pasākuma laikā. Otrs mēra attiecībā uz starojuma, ko emitē cēzija 133 atoma , ja tas ir satraukti par ārēja enerģijas avota , nevis saistībā ar Zemes rotāciju ap Sauli , kā tas bija agrāk . Otrais ir aprakstīts kā pagājušo laiku tieši 9192531770 vibrācijām starojuma, ko emitē caesuim - 133 atoma .

bārija
Atomu skaits : 56
Ķīmiskais simbols : Ba
Grupa IIA sārmzemju metālu

Formā šķīstoša sāls , bārija ir diezgan toksisks . No otras puses, ar nešķīstošām formām tas ir nekaitīgs cilvēka organismā. Radiologi izmanto bārija sulfātu , lai pārbaudītu pacienta zarnu trakta ar Xrays.Barium sulfātu , ir arī vairākas citas vajadzībām , pamatojoties uz tā slikti šķīst ūdenī un baltā krāsā . To izmanto kā balinātāju uz fotoplates un kā pildviela rakstāmpapīru, plastmasas un mākslīgās šķiedras . Bārija metāls ir dažas komerciālas programmas, jo tās gatavību reaģēt ar skābekli un mitrumu .

lantāna
Atomu skaits : 57
Ķīmiskais simbols : La
III grupa B retzemju elementu (lantanīdi)

Lantāna irpirmā no retzemju elementu sēriju . Tā ir kopēja atrast daudzus retu elementu sajauc kopā vienā minerālu . Iespējams,vissvarīgākais izmantošana lantanīda savienojumu ir fabricating elektrodus par augstas intensitātes oglekļa loka lampas , ko izmanto prožektoriem , studijas apgaismojumu un kinofilmu projektoriem . Lantāna un tā izotopi ir atrodami fragmenti , kas tiek ražoti , kad urāna fissions . Tas bijaatklājums lantāna izotopu , kā arī tiem, bārija vācu ķīmiķis Otto Hahn , kas galu galā noved pie domas par kodola skaldīšanas .

Cērija
Atomu skaits : 58
Ķīmiskais simbols : Ce
III grupa B retzemju elementiem (lantanīdi)

Cerijs tika nosaukts pēc asteroīda Ceres kuras atklāšana 1801 izraisīja lielu aizrautību zinātnes pasaulē . Tīra metāla forma cerija nebija gatava līdz 1875 . Tas irdzelzs pelēks metāls, kas ir diezgan kalšanai un kaļamā . Cērija savienojumi, piemēram, tiem, lantāna tiek izmantoti komerciāli lai veidotu elektrodus augstās intensitātes oglekļa loka lampām . Kāoksīds cērija tiek izmantota kā piedeva sienām self- tīrīšanas krāsnīs šķiet, lai novērstu palielinājums vārīšanas atliekas .

prazeodīmu
Atomu skaits : 59
Ķīmiskais simbols : Pr
III grupa B retzemju elementiem (lantanīdi)

To atklāja Carl Auer fon Welsbach , Austrijas barons , kurš bija interese mineraloģija . Tīrs metāls ir izdalīts no tā rūdas ar jonu apmaiņas paņēmienu . Maiņas process tiek izmantots , lai izolētu viena veida jona , aizstājot to ar citu. Vienā šādā procesāaktīvā sastāvdaļa irsveķi , kas sastāv no lielas molekulas , kas ir netlike struktūru . Sveķi satur mobilos jonus brīvi savienots ar tīklu . Jaškīdums, kas satur citus jonus laiž cauri sveķiem , tie aizstās mobilos jonus , kas pēc tam izplatās no net .

neodīma
Atomu skaits : 60
Ķīmiskais simbols : Nd
III grupasretzemju elementiem (lantanīdi)

Tā irmagnētiskā viela, ko izmanto , lai radītu dažas no jaudīgākajiem magnētiem pasaulē . Šā supermagnets ir pazīstami kā NIB magnēti , jo tie satur dzelzs un bora kā well.They ir tik spēcīgas, ka divi mazi magnēti ar presi uz katru pusi no savas puses bez samazinās . Nd magnēts ar tikai pusi collu diametrs ir pietiekami spēcīga , lai reaģētu ar magnētisko materiālu drukāšanas tinti izmanto papīra naudu , un to var izmantot , lai viltojumus . To lieto arī rozā krāsas brilles !

prometijs
Atomu skaits : 61
Ķīmiskais simbols : Pm
III grupa B retzemju elementiem (lantanīdi)

Gada prometijs nekādas pēdas nav atrodams Zemes garozā , bet tas ir identificēta spektrā vairāku zvaigznēm Andromedas galaktika . Tas irsintētisks reta elements veikti kodolenerģijas paātrinātāji un kodolreaktoriem . Kad neodīma tiek pakļauts intensīvu neitronu starojuma Pašlaik reaktorā , tā tiek pārvērsta prometijs . 28 izotopi elementa līdz šim tika sintezēts visu to radioaktivitātes . Ļoti maz ir zināms par ķīmiskajām un fizikālajām īpašībām tīra prometijs .

samarijs
Atomu skaits : 62
Ķīmiskais simbols ; sm
III grupa B retzemju elementu (lantanīdi)

Galvenie rūdas samārija ir bastnasite un monazite . Monazite rūdas kuros bieži vien tik daudz kā 50 % no to svaru , kas retzemju atrodami upju smiltis Indijā un Brazīlijā un Florida pludmales sand.In tīrā veidā samārija ir sudrabaini balts spožumu un ir diezgan izturīgs pret oksidāciju . Tomērmetāla aizdegas spontāni pie zemām temperatūrām . Daži no šī elementa savienojumi tiek izmantoti , lai izgatavot pastāvīgiem magnētiem . Samārijs oksīds irlielisks absorbētājs infrasarkanais starojums , un ir pievienots šim nolūkam dažāda veida stikla un infrasarkano jutīga fosfora .

Europium
Atomu skaits : 63
Ķīmiskais simbols ; eu
III grupa B retzemju elementu (lantanīdi)

Europium ir viena no retākajām retzemju metālu . 1901 franču ķīmiķis Eugene- Anatole Demarcay beidzot izolēta piemaisījums ir samārija - gadolīnija izlases viņš mācās , un noteica piemaisījumus kā jauns elements . Pure Europium ir diezgan mīksts un sudrabaini baltā krāsā . Tas ir diezgan elastīgiem un viens no reaģējošas no retzemju metālu . Europium oksīds ir diezgan plaši izmanto kā piedevu , lai uzlabotu sarkano fosfora televīzijas un datoru monitoriem . To izmanto arī, lai palielinātu energoefektivitāti dienasgaismas spuldzēm .

gadolīniju

Atomu skaits : 64
Ķīmiskais simbols : Gd
Grupa IIIA retzemju elementu (lantanīdi)

Divas izotopi gadolīnija ir vieni no spēcīgākajiem absorbcijai neitroniem . Tomēr to trūkums robežas izmantot, tie tiek izmantoti , veicot kontroles stieņi kodolreaktoriem . Tas ir feromagnētisks nozīmē. ka tas ir ļoti spēcīgi piesaista magnētiem . Tomēr tā Curie punkts ,temperatūra, pie kuras magnētiskā materiāls zaudē magnētismu ir aptuveni istabas temperatūrā . Tas ir pierādīts ar vērtības tehniku zondēšana interjeru metālu sauc neitronu rentgenogrāfija . To izmanto aviosabiedrību un kuģu būvniecības nozarēs, lai meklētu slēptās trūkumus un strukturāliem trūkumiem korpusu un fuselages .

Terbijs
Atomu skaits : 65
Ķīmiskais simbols : Tb
III grupa B retzemju elementu (lantanīdi)

Tīrā no metāla , terbija irsudrabaini balta , kalšanai , elastīgiem un pietiekami mīksts, lai var griezt ar nazi . Tai ir līdzība vadīt , bet tas ir daudz smagāks . Piemēram, svinu tas ir diezgan izturīgs pret koroziju . Savienojumi Terbijs ir atvēris pielietojums īpašos lāzeriem un kā fosfora , kas ražo zaļo krāsu televīzijas caurules un datoru monitoriem . Citas programmas ietver ražošanu sakausējumu ar speciālām magnētiskām īpašībām izmantošanai kompaktdisku un to ražojot augstas izšķirtspējas rentgena ekrāniem .

DYSPROSIUM
Atomu skaits : 66
Ķīmiskais simbols : Dy
III grupa B retzemju elementu (lantanīdi)

Dysprosium ierindojas devītajā pārpilnību starp retzemju elementu Zemes garozā . Tā tika atklāta 1886 franču ķīmiķis Paul - Emile Lecoq de Boisbaudran paraugā Erbijs oksīda . Viņš pamatoja savu nosaukumu uz grieķu vārda dysprositos kas nozīmē grūti nokļūt pie . Pure dysprosium nebija pieejams līdz 1950 , kad tika izstrādāti mūsdienu ķīmiskās metodes, piemēram, jonu apmaiņas atdalīšanu . Dysprosium atgādina lielākā daļa citu retzemju metālu . Tas ir pietiekami mīksts , lai samazinātu ar nazi , ir spīdīga sudrabaini krāsu un ir relatīvi stabils gaisā .

Holmium
Atomu skaits : 67
Ķīmiskais simbols : Ho
III grupa B retzemju elementu (lantanīdi)

1878 , divi Šveices zinātnieki pamanīja Holmium ir raksturīgas spektrālās līnijas, bet nevarēja identificēt. Viņi sauc par nezināmu avotu spektrālo līniju elementu X Drīz pēc tam 1879 zviedru ķīmiķis Per Teodor Cleve izdalīts un identificēts elementu , strādājot ar minerālu sauc erbia . Pure metāla holmija kas nebija pieejams līdz pavisam nesen ir spilgti sudrabaini krāsu. Tas ir diezgan izturīgs pret koroziju sausā gaisā, bet tarnishes ātri mitrā gaisā , veidojot dzelteņīga oksīds . Izņemot to varētu izmantot kā krāsu stikla , tas ir maz komerciāliem mērķiem .

Erbija
Atomu skaits : 68
Ķīmiskais simbols : Er
Grupa III B retzemju elementu

Erbija atklāja Carl Gustaf Mosander dzeltenā oksīda , ka viņš izolēts no minerālu itriju . Mosander nosauktselements Zviedrijas ciematā Ytterbyvietas lielu koncentrāciju itriju un Erbija . Galvenie avoti Erbija irminerālvielas xenotime un euxerite . Erbija kā arī citus retzemju elementiem faktiskipiemaisījums šo rūdu . Komerciālās pieteikumus Erbija ir samērā ierobežotas . Tās oksīdi bieži pievieno stikla un emaljas glazūras izkrāsot tos rozā . Stiklu bieži izmanto saulesbrilles un lēti rotaslietas .

thulium
Atomu skaits : 69
Ķīmiskais simbols : Tm
IIIB grupas retzemju elementu (lantanīdi)

Thulium irretzemju elementu, kas ir ļoti maz . Tas notiek ļoti mazos daudzumos kompānijā citu retzemju metālu . Zviedru ķīmiķis Per Teodor Cleve atklāja elements 1879 un nosauca to par Thule , seno nosaukumu Skandināvijā . Galvenais avots thulium irminerālu monazite , kas sastāv no aptuveni septiņus tūkstošdaļas 1 % thulium . Tas ir maz komerciāliem lietojumiem papildus tiek izmantoti lāzeri . Tas ir dārgi, bet ļoti maz no metāla ir pieejama eksperimentiem .

Iterbijs
Atomu skaits : 70
Ķīmiskais simbols : Yb
III grupa B retzemju elementu (lantanīdi)

Iterbijs ,pirmais reta elements, kas atklāts ir atrodams nelielu pārpilnību Zemes garozā un vienmēr kompānijā retzemju metālu . To atklāja franču ķīmiķis Jean de Marignac 1878.gadā kā daļa no minerālu pazīstams kā erbia un nosaukts par Zviedrijas ciematā Ytterby , pamatojoties uz tās augsto koncentrācijas Erbija . Pure Iterbijs metāls nebija pieejami pētījumu līdz 1953 . Tās komerciālais pielietojums ir kā sakausējumu aģents ar nerūsējošā tērauda. Dažas sakausējumiem ir izmantoti arī zobārstniecībā .

lutēciju
Atomu skaits : 71
Ķīmiskais simbols : Lu
III grupa B retzemju elementu (lantanīdi)

Lai gan viņš nekad nav oficiāli publicēts viņa rezultātus , ASV ķīmiķis Charles James Pašlaik tiek uzskatīts , ka ir atklājis lutēciju 1907. Workingagrīnā 1900 University of New Hampshire laikā , Džeimss kļuva pargalveno spēku ražošanas retzemju elementiem. Viņš un viņa skolēni varētu apstrādāt tonnas rūdas un darbaspēka caur crystallizations ražot vienu paraugu . Pure lutēciju metāls ir sarežģīti un dārgi , lai sagatavotos. Tas irgrūtākais unsmagākais retzemju elementu . Neviens komerciālo lietojumprogrammas ir izstrādātas .

hafnijs
Atomu skaits : 72
Ķīmiskais simbols : HF
IV grupa B Pāreja Element

Hafnijs ir īpašības, kā arī tās vēsture ir cieši saistīta ar cirkonija . Daudzi bija paredzams , ka pastāv elements 72 , betvisuresamību tās ķīmisko dvīņu traucē tā identifikācijai . Galvenā izmantošana hafnija balstās uz vienu no tās dažām atšķirībām no cirkonija . Tās spēja absorbēt siltuma neitronu padara tonoderīgu materiālu Reaktora kontroles stieņi. Galvenās priekšrocības, hafnija , salīdzinot ar citiem stieņu materiāliem ir tā stiprību un izturību pret koroziju . Diemžēl diezgan lielu reaktorāizmaksas hafnija stieņi var $ 1 miljonu vai vairāk.

TANTALUM
Atomu skaits : 73
Ķīmiskais simbols : Ta
Grupa VB Pārejas elements

Tantala irļoti grūti un ļoti smagā metāla . Ķīmiskais inertums padara tantāls ļoti izturīgs pret vielām , kas cilvēka organismā . Tas ir izraisījis uzņēmēja pieteikumus zobārstniecības un medicīnas ķirurģija . Tantala kā sakausējuma aģents veicina izturību pret koroziju , plastiskums , cietību un augstu kušanas temperatūru uz dažādiem citiem metāliem. Vēl viens nozīmīgs izmantošana tantala ir būvniecības mazu , bet jaudīgu kondensatoru . Šie kondensatori ir īpaši noderīgi miniatūras elektroniskās shēmas , kas atrodas pie sirds šādu ierīču , mobilo tālruņu un datoru .

TUNGSTEN
Atomu skaits : 74

Ķīmiskais simbols : W
Grupa VIB Pārejas elements

Viens no svarīgiem izmantošanas volframa, ražošanā , pavedienu kopējā spuldze .
Volframs ir augstākais kušanas temperatūra -3410 grādi C un augstākā viršanas 5900 grādiem pēc Celsija - no jebkura metāla . Augstās temperatūras pieteikumus volframa diapazonā no sildelementi elektriskie sildītāji ar sprauslām par raķešu dzinējiem kosmosa kuģos . Elektrība plūst caur satītas stieples volframa rada pietiekami daudz siltuma , lai padarītuvadu balta karsts . Lai novērstu metālu no pārkaršanas inertās gāzes, piemēram, slāpekļa un argona tiek liktas spuldzes , kas satur volframa kvēldiegu .

renijs
Atomu skaits : 75
Ķīmiskais simbols : Re
Grupa XVIIB Pārejas elements

Rēnijs viena noretākajām elementu tika atklāta platīna rūdas vācu ķīmiķi Ida Tacke , Walter Nodack un Otto Carl Berg 1925 . Tas irļoti blīvs metāls ar sudrabainu pelēku spīdumu , un kušanas temperatūra pārsniedza tikai ar volframa un oglekļa . Tas irpamats Rēnijs ir lietošanai kopā ar volframa veikt termopāri mērīšanas temperatūrām augsta kā 2000 grādi C . Rēnijs ir galvenokārt izmanto kā sakausējumu aģents fabricating metālu , kas ir izturīgs pret nodilumu , piemēram, tās, kas vajadzīgas , lai elektrisko slēdžu kontaktiem un elektrodiem .

osmijs
Atomu skaits : 76
Ķīmiskais simbols : Os
Grupa VIII B Pārejas elements

Tīrs metāls ir grūti veikt , osmijs bieži ir izgatavotas kā pulveris, kas pēc tam tiek formēti cietā masā , karsējot . Pulveris oksidējas gaisā un lēnām emitē kā spēcīgu smaržo toksiska gāze , kas var izraisīt plaušu un ādas bojājumus . Tā indīgu oksīda gāzes emisijas padaraizmantošana osmijs metāla nepraktiska . Kākausējamo piedeva , tomēr tas ir diezgan droši , un to galvenokārt izmanto , lai padarītu cieto sakausējumu ar tādiem metāliem kā platīna un irīdija . Šie sakausējumi tiek izmantoti elektrisko slēdzi kontaktiem , fonogrāfs adatas un tintes pildspalvas padomus .

IRIDIUM
Atomu skaits : 77
Ķīmiskais simbols : Ir
Grupa VIII B Pāreja Element

Iridium irtrausls dzeltenīgi balts dārgmetālu . Tas parasti ir atrodams rūdas , kas satur platīna vai niķeļa . Atdalot to no šo rūdu , irdarbietilpīgs un dārgs uzdevums, kas ir pamatota tikai ar vienlaicīgu piedziņu, platīna un niķeļa . Galvenais piemērošana irīdijs ir kā piedevu platīna izveidotu sakausējumus , kas palielina cietību pēdējā metāla . Iridium izturību pret koroziju padara arī noderīga , to ražojot posteņiem , kas prasa absolūtu tīrību , piemēram, zemādas adatas un raķešu dziņēji .

PLATINUM
Atomu skaits : 78
Ķīmiskais simbols : Pt
Grupa VIII B pārejas elements (Dārgmetālu)

Daudzi izmanto platīna izmantot savu ķīmisko stabilitāti un inertumu . Tas tiek izmantots naftas pārstrādes, zobārstniecība , keramikas rūpniecībā , elektrisko un elektronisko rūpniecību , un ir ļoti vērtīga pieņemšanā rotaslietas . Platinum ir arī noderīga, lai automobiļu industrijā . Tas palīdz ķīmiskas reakcijas , kas sakopt izplūdes nāk no dzinējiem automašīnu , pārvēršot oglekļa monoksīdu un nesadegušās degvielas ūdenī un oglekļa dioksīdu . Papildusbārs Iridium - platīna sakausējuma kalpo kā pasaules standartu par kilogramu , pamata vienību masas metrisko sistēmu .

GOLD
Atomu skaits : 79
Ķīmiskais simbols : Au
IB grupa Pārejas elements (Dārgmetālu)

Zelts tiek tirgoti biržās un svārstības tās cena tiek uzskatīti par indeksu veselības ekonomiku . Tas irļoti elastīgiem un kaļams no visiem metāliem . Tāpēc, ka tas ir arī viens novisvairāk nereaģē, tā var uzturēt savu izcili spīdumu. Dabā zelts parasti ir atrodams kā tīra metāla , bieži vien tīrradņi vai pārslu veidā . Tā tīrību mēra kā karātu . Zelts tiek uzskatīta 24 karātu zelta . Jo tas ir ļoti mīksts , tomēr lielākā daļa zelta rotaslietas ir izgatavots no 18 karātu zelta .

MERCURY
Atomu skaits : 80
Ķīmisko simbolu : Hg
II grupā B Pārejas elements

Dzīvsudrabs ir vienīgais metāls, kas ir šķidra istabas temperatūrā , un vēl ar šķidrumu pār ļoti plašu un ērta temperatūru diapazonā . Dažas kopīgas mājsaimniecības produktiem , kas satur dzīvsudrabu ir termometri , barometri, termostati, kluss sienas slēdžiem un dienasgaismas spuldzes . Rūpniecības vajadzībām dzīvsudraba ietver difūzijas sūkņus un dzīvsudraba spuldzes , kas rada zilgani baltu gaismu no ielas apgaismojumu . Vēl viena noderīga īpašība dzīvsudraba ir tās spēja , lai izšķīdinātu citiem metāliem, lai izveidotu sakausējumus pazīstams kā amalgamu . Zobārsti bieži izmanto sudraba , dzīvsudraba amalgamas aizpildīt zobus .

talijs
Atomu skaits : 81
Ķīmiskais simbols : TI
III grupapēc pārejas metāla

Kopēja avota talijs ir cinka un svina pārstrādes . Tas kalšanai un smago metālu ir diezgan aktīvs un lēnām korodē gaisā . Talijs un tā savienojumi ir ļoti toksiski , un ir pierādījumi, ka tā var izraisīt vēzi . Pat saskarē ar ādu , var būt bīstami , lai gan ļoti zemā koncentrācijā talijs ir izmantots , ārstējot ringworms . Talijs sulfāts irbez smaržas un garšas inde , kas bija agrāk izmantoti, lai nogalinātu žurkām un kukaiņiem , bet tagad ir aizliegtas vairākās valstīs .

LEAD
Atomu skaits : 82
Ķīmiskais simbols : Pb
IV grupa

Svins irļoti kaļams metāla, kas var viegli strādāja, lai padarītu piederumi , visu veidu . Svina monētas un skulptūra ir atrastas Ēģiptes kapenes , kas datēti ar 5000 BC . Tas lielā mērā izmantoti, lai elektrodus svina akumulatoru baterijas . Svins ir arīsvarīga sastāvdaļa lodēt izmantota elektriskos savienojumus uz plates ar datoriem un televizoriem. Stikla ekrānu televizoriem saturēt svinu , lai pasargātu skatītāju no starojuma . Faktiski katru televizors ir gandrīz puse puskilogramu svina .

bismuts
Atomu skaits : 83
Ķīmiskais simbols : Bi
Grupa VA Post pāreja metāla

Bismuta irbalta trausls metāls , kas ir nedaudz dzeltenīgu nokrāsu . Savienojums bismuta bāziskais nitrāts ir izmantots kā antacīdu , ārstējot čūlu . Bismuta oksīds irpopulārs dzeltenais pigments , ko izmanto kosmētikā ., Piemēram, ūdens bismuta ir viens no nedaudzajiem vielām, kas izplešas , kad tas mainās no šķidruma , lai solid . Šis īpašums tiek izmantots, lai veiktu sakausējumiem , kuru apjoms paliek nemainīgs , ja tie sacietēt . Metālu sakausējumu ar bismuta var izmantot pārsēji un pelējuma , kas saglabā savas precīzi izmēri , pat tad, ja piepildīta ar kausētos metālos .

polonijs
Atomu skaits : 84

Ķīmiskais simbols : Po
Grupa VInemetāls

Ar poloniju atklāšana Marie un Pierre Curie 1898 definē vienu no lielākajiem momentus zinātnes vēstures ved uz mūsdienu jēdzienu atoma kodolā un izpratni par tās struktūru . Polonijs ir 27 zināmajiem izotopu , un visi no tiem ir radioaktīvi . Viens no visvairāk viegli pieejama, ir polonijs 210 ,sudrabaini nemetāls , kas ir samērā nestabils un 100000 reizes vairāk toksisks nekā cianīdu . Radioloģiskos laboratorijāsizotopu sajauc ar pulverveida beriliju bieži lieto, lai ražotu daudz neitronu neizmantojot kodolreaktora .

ASTATINE
Atomu skaits : 85
Ķīmiskais simbols : At
Grupa VIIHalogēni

Nelielos daudzumos astatine pastāv dabiski kā sabrukšanas produkti urāna un torija . Astatine pirmo reizi tika ražots 1940.gadā ar komandu radiochemists bombardējot bismuta ar alfa daļiņām . Tikai aptuveni 1 miljonā daļa grama astatine patiešām ir ražots mākslīgi , un tāpēc nav pārsteigums, ka maz ir zināms par tās īpašībām . Tā ķīmija ir diezgan līdzīga tai, joda , lai gan pastāv daži pierādījumi, ka tas var būt nedaudz vairāk metāla.

radons
Atomu skaits : 86
Ķīmiskais simbols : Rn
Grupu VIII A Cēlgāzes

Radons ir veidots kā viens no blakusprodukti, kas radioaktīvās sabrukšanas urāna un torija . Radons - 222 , tā garākā mūžs izotopu atrodams ievērojams koncentrācijā SA Gāze augsnē , jo nelielā daudzumā urāna ir klāt Zemes garozā . Kamēr tas aug , tabaka ir piesārņošana ar radona no augsnes un urāna bagāts fosfātu mēslošanas līdzekļiem , ko audzētājiem izmanto . Kadtabaka cigarešu sadedzina ,ieelpotā dūmi pakļauj smēķētājs līdz līmenim radiācijas 1000 reizes lielāks nekā tiem, ko darba ņēmējs atomelektrostacijas radušās .

FRANCIUM
Atomu skaits : 87
Ķīmiskais simbols : Fr
I grupa A sārmu metālu

Francium irsmagākais no sārmu metāliem , un viens novisvairāk nestabilu zināms . Visi tās izotopu ir radioaktīvi vēl pat tās garākais mūžs izotopu francium - 223 ir pusperiods ir tikai 21 minūtes. Tās 30 zināmajiem izotopu tikai francium 223 eksistē dabā . Visas citas izotopu francium tiek ražoti mākslīgi paātrinātāji un kodolreaktoru un ir pārāk nestabila jāpēta jebkurā dziļumā . Elements tika atklāts 1939 ar Marguerite Perey strādā Kirī vārdā nosauktajā institūtā Parīzē . Tā ir nosaukta par valsti , kurā tas tika atklāts .

RADIUM
Atomu skaits : 88
Ķīmiskais simbols : Ra
II grupa A -The sārmzemju metālu

Rādija atklāja Marie un Pierre Curie 1898 . Lai atklāšanu rādija un poloniju , Marijas Kirī saņēma Nobela prēmiju ķīmijā . Tas bija viņas otrā ; Viņa dalījāsvispirms ar savu vīru un Anrī Bekerels 1903 atklājums radioaktivitātes .
Tīra rādija metāls ir izcili baltā krāsā , un ir tik luminiscentās tas spīd tumsā izdalot vāju zilā krāsā . Rādija tiek izmantots daudzos medicīnas iestādēs , lai radītu radioaktīvo gāzes radonu , kuru izmanto vēža ārstēšanā .

aktīnijs
Atomu skaits : 89
Ķīmiskais simbols : Ac
III B grupas Transition Element (aktinīdu)

Aktīnijs ir dabiski , ko radioaktīvās sabrukšanas ilgi dzīvoja elementiem rādija un torijaradioaktīvo elementu . Ļoti neliels daudzums tajā ir ražoti mākslīgi , un tas ir ļoti ierobežots komerciāli . Tā ķīmiskās īpašības līdzinās tiem lantāna . Arī , piemēram, lantānu , tas irpirmais no vairākiem elementiem, sauc par aktinīdu kas ir analogi lantanīdi . Piemēram, retzemju metālu , šie elementi pievieno elektronus iekšējās orbītas čaulas un attiecīgi ir tādas pašas fizikālās un ķīmiskās īpašības .

torijs
Atomu skaits : 90
Ķīmiskais simbols : Th
Grupa IIIB Transition Element (aktinīdu)

Torija irradioaktīvs sudrabaini balts metāls , kas aptraipa ļoti lēni , kad kontaktā ar gaisu . Monazite smiltis no kurām dažas ir atrodams Florida pludmales var saturēt līdz pat 10 % torija . Neskatoties uz tās radioaktivitāti , torijs un tā savienojumi ir vairākas komerciālas lietojumprogrammas . Tas kalpo kā efektīvs emisiju elektroni par elektroniskām ierīcēm . Brilliant gaismas ka tā oksīda izstaro , bet dedzināšana arī padara to noderīga fabricating noteiktus portatīvo gāzes lampas . Torijs 232 ,izotopu ar pussabrukšanas 14 miljardiem gadu rāda lielas cerības kļūtavots kodolenerģijas nākotnē .

PROTACTINIUM
Atomu skaits : 91

Ķīmiskais simbols : Pa
III B grupas Transition Element (aktinīdu)

Tas ir viens noVisretāk un dārgākā visu dabā esošo elementu . Tikaidaži simti gramu ir pieejami pētījumu . Šo kalsns summa tika galvenokārt ražo Anglijā apmēram pirms 30 gadiem , kad tas tika iegūts no 60 tonnas rūdas , kas izmaksāja pusmiljonu dolāru . Nav daudz ir zināms par tās fiziskās un ķīmiskās īpašības . Tā irsudraba balta metāla ar spilgti spīdums , ka tas zaudē ļoti lēni gaisā , izmantojot oksidācijas . Ir zināms arī būt ļoti toksisks.

URANIUM
Atomu skaits : 92
Ķīmiskais simbols : U
III B grupas Transition Element (aktinīdu)

Urāns irpēdējais unsmagāko no dabā sastopamo elementiem . Atklāja 1841 , tas bijapirmais, kas varētu identificēt radioaktīvs elements . In the late 1930 , eksperimentējot ar urāna Vācu zinātnieki Lise Meitner un Otto Hahn novērots process , kas vēlāk tika atzīts , kakodola skaldīšana . Par neitronu spēja atbrīvo no dalīšanās ar urāna kodola laikā sevi sadalīt citiem urāna kodoli ātri tika izmantoti ar zinātniekiem , lai radītu pašpietiekamu ķēdes reakciju . Kad kontrolēta , šī reakcija ražo enerģiju mēs iegūstam no kodolreaktoriem . Ja Nekontrolētā tas var radīt atomu sprādzienu .

neptūnijs
Atomu skaits : 93
Ķīmiskais simbols : Np
III B grupas Transition Element (aktinīdu)

Neptūnijs bijapirmais mākslīgi ražota Transurāna elementu . Strādā ciklotrona University of California at Berkeley 1940 , ASV fiziķi Edwin McMillan un Philip Abelson ražo neptūnijs ko bombardēt urāns ar neitroniem . Tagad ir zināms, ka nelielu daudzumu neptūnijs d reāli eksistē dabā , kā rezultātā darbības neitronu urāna elementu . Pašlaik 18 izotopi neptūnijs ražoti visi no tiem radioactive.The svarīgākajiem unpirmais, kas ražo bija neptūnijs 237 ar pussabrukšanas 2,1 miljoniem gadu.

plutonijs
Atomu skaits : 94
Ķīmiskais simbols : Pu
III B grupas Transition Element (aktinīdu)

Plutonijs ir 15 zināmajiem izotopu visas no tām radioaktīvo . Plutonijs 239 , irļoti svarīgi, jo tas ir viegli fissions kad uz tiem iedarbojas ar termisko neitroniem . Piemēram, urāna - 235 , kodolos tās atomi sadalīts divās starpposma izmēra kodolu (ko sauc šķelšanās fragmenti), atbrīvojot lielu daudzumu enerģijas un ražo vairāk neitronus , lai uzturētu ķēdes reakciju . Sajauc ar pulverveida beriliju , tas irefektīvs avots neitronu zinātniskajam darbam . Plutonijs var ražot milzīgs daudzums kodolreaktoros . Tās pārpilnība ir padarījusi to par numur viens izvēle kodolieročiem .

amerīcijs
Atomu skaits : 95
Ķīmiskais simbols : Am
III B grupas Transition Element (aktinīdu)

Tā tika atklāta 1944 , ko komanda ķīmiķi vadībā Glenn Seaborg.His komandas ražoti amerīcijs - 241 , kas ir viens no 14 zināmajiem izotopu kas visi ir radioaktīvi. Amerīcijs 241 ir lielos daudzumos kodolreaktoriem . Intensīvās gamma stari tas izstaro padara to ļoti noderīgs portatīvo avotu rentgena stariem . Tas tiek izmantots arī dūmu detektori .

Curium
Atomu skaits : 96
Ķīmiskais simbols : cm
III B grupas Transition Element (aktinīdu)

Curium irsudrabaini balts metāls, kas ir ļoti reaktīvs . Pirmais no 14 zināmajiem izotopu atklāties bija curium 242 . Curium 242 un curium 244 tiek izmantots kā enerģijas avotus attālos rajonos . Radiācijas šie izotopi izstaro var pārvērst siltuma un pēc tam uz elektroenerģijas termoelektriskos ierīcēm . Lai gan tas ir relatīvi īss pussabrukšanas ,izejas jauda ir Curium 242 ir iespaidīgs , ti, apmēram divas līdz trīs vati uz vienu gramu . Šie kompaktie vienības ir noderīga elektrokardiostimulatoru , tālvadības navigācijas bojām un kosmosa misijās .

BERKELIUM
Atomu skaitu ; 97
Ķīmiskais simbols : Bk
III B grupas Transition Element (aktinīdu)

Tā tika atklāta UC Berkeley 1949 ar komandu , kas sastāv no George Seaborg , Stenlija Thompson un Alberta Ghiorso un tika nosaukts pēc pilsētas . Viņi sintezētas to, izmantojot ciklotrons bombardēt izlasi amerīcijs 241 ar alfa daļiņām . Izmantojot berkelium 249 , bija iespējams 1962 ražot 3000000000. Par gramu berkelium hlorīda . Nav komerciālo vai zinātnisko pieteikumi vēl nav izstrādātas .

kalifornijs
Atomu skaitu ; 98
Ķīmiskais simbols : Cf

III B grupas Transition Element (aktinīdu)

Tas tika atklāts ar komandu ķīmiķi , izmantojot ciklotrons bombardēt Curium 242 ar alfa daļiņām . Izotopu kalifornijs 252 nosaukta par Kalifornijas štata spontāni izstaro neitronu . Neitronu avoti ir reizēm grūti noteikt . Nukodolreaktors ir nepieciešams vai daži augsti radioaktīvais emitē alfa daļiņas, piemēram, plutonija jāsajauc ar berīlija pulveri . Par ļoti pārnēsājamo neitronu avotu atklāšana liecina daudzi iespējamie pieteikumi kalifornijs 252.It var viegli ņemt laukus analīzes naftas nesošo slāņu zemes vai par ieguves zelta un sudraba .

Einsteinium
Atomu skaits : 99
Ķīmiskais simbols : Es
III B grupas Transition Element (aktinīdu)

Albert Ghiorso un viņa kolēģi atklāja šo elementu 1952.gadā , bet izmeklēšanas gruveši ūdeņraža bumbas sprādziena Pacific.16 izotopi ir zināmi , visstabilākā Būt Einsteinium 254 ar pusi dzīves 252 dienas . Lielākā daļa no šiem izotopiem ir ražotas augstplūsmas izotopa reaktorā Oak Ridge National Laboratory Tennessee , apstarojot plutonijs 239 ar intensīvu stariem neitroniem .

FERMIUM
Atomu skaits : 100
Ķīmiskais simbols : FM
III B grupas Transition Element (aktinīdu)

Tāpat Einsteinium , Fermium tika identificēts 1952 ar Ghiorso un kolēģiem šajā atlūzu ūdeņraža bumbas sprādzienā Klusā okeāna reģionā . Izotopi fermium nodēvēta Enriko Fermi parasti sintezētas pakļaujot elementi, piemēram, urāna un plutonija intensīvas neitronu apšaudes . Ar neitronu bagāta vide ,elementu kā urāna var iziet pēctecīgu neitronu uztveršanas bieži absorbējot tik daudz kā 16-17 neitronus , lai ražotu smago Transurāna elementu .

MENDELEVIUM
Atomu skaits : 101
Ķīmiskais simbols : Md
III B grupas Transition Element (aktinīdu)

Devītais mākslīgā Transurāna elementu nosaukta par Dmitrija Mendeļējeva tika atklāts 1955 zinātnieku grupa ar Albert Ghiorso . Turpinot viņu meklēt arvien smagāku elementukomanda izmantojuši ciklotrona Berkeley bombardēt Einsteinium 253 ar alfa daļiņām (hēlija atomu kodoli) , un galu galā gatavo mendelevium 256 . mazās summas , kas tās identifikācijas ļoti grūti. Tas ir bieži teikt, ka šis elements ir sintezēts viens atoms laikā . Ir veikti tikai nelieli mendelevium izotopu , un maz ir zināms par to ķīmiju.

Nobelium
Atomu skaits : 102
Ķīmiskais simbols : Nē
III B grupas Transition Element (aktinīdu)

Veidojot Nobelium 254 , Ghiorso un viņa kolēģi bombardēti izlasi Curium 246 ar oglekļa 12 joniem , izmantojot smago jonu Linear Accelerator . 11 izotopi līdz šim tika sintezēts , un visi ir radioaktīvi . Nobelium 259 irgarākā dzīvoja ar pusi dzīves 57 minūtes. Nosaukts par Alfred Nobel , tas ir ražots lielā daudzumā, lai varētu izpētīt tā ķīmisko un fizikālo īpašību .

LAWRENCIUM
Atomu skaits : 103
Ķīmiskais simbols : Lr
III grupa B (The aktinīdu)

Turpinot savu pārsteidzošu virkni atklājumu , ka Berkeley zinātnieki sintezētas un izolēti lawrencium 1961 bombardēt maisījums 3 izotopu kalifornijs ar bora 10 un bora 11 jonu smago jonu lineāro paātrinātāju . Mērķa svēra tikai dažas miljonā daļa grama betkomandai izdevās ražot lawrencium 258 ar pussabrukšanas periods ir 4 sekundes . Tā tika nosaukts par godu Ernest O.Lawrence , izgudrotājs ciklotrona .

RUTHERFORDIUM
Atomu skaits : 104
Ķīmiskais simbols : Rf
Grupa IV BTransactinide

Vēsture konkurējošo prasījumu sajaukt nosaukumiem elementa 104 . Komanda no Berkeley , kā arī grupu no Krievijas apgalvoja kredītu elementu 104 .Amerikāņu prasība uzvarējadienā. Tas ir nosaukts pēc jaunzēlandietis Ernest Rutherford !

DUBNIUM
Atomu skaits : 105
Ķīmiskais simbols : Db
Grupa VBTransactinide .

Strīdīgie prasījumi tā atklāšanas ir plagued elements 105 . 1970 Ghiorso un viņa komanda Berkeley bombardēti kalifornijs 249 ar smago slāpekli 15 jonu un pozitīvi identificēt elementu , ko viņi nosauca pēc Otto Hahn un iegūts apstiprinājums no

American Chemical Society . Tomēr 1997IUPAC nolēma t mainīt nosaukumu uz Dubnium . Tā ķīmiskās un fizikālās īpašības ir zināma.

SEABORGIUM
Atomu skaits : 106
Ķīmiskais simbols : Sg
Grupa VI BTransactinide

Tāpat kā pārējām divām strīdus elementiem ,prasība atklāšanas elementa 106 kopā ar tiesībām nosaukt to bijastrīdus objekts . 1974 ,Krievijas komanda paziņoja, ka viņi bija saražojuši unnilhexium . Jo eksperimenti neizdevās apstiprināt savu rezultātu , viņu prasība bija apšaubāma . Aptuveni tajā pašā laikā , zinātnieki Berkeley ziņoja atklāšana unnilhexium 263 pēc bombardēt kalifornijs 249 ar skābekli 18 . 1993 , zinātnieki pie Lawrence Livermore un Berkeley laboratoriju atkārtoja eksperimentu un apstiprināja šo rezultātu . Tā tika nosaukts par godu Glenn Seaborg .

BOHRIUM
Atomu skaits : 107
Ķīmiskais simbols : Bh
Grupa VII BTransactinide

1981 ,izveidot unnilseptium tika paziņots ar fiziķi strādā Darmštatē , Vācijā pie GSI . Komanda piedāvāja nosaukumu nielsbohrium pēc Neils Bohr . Viņu pētījumu apgalvojumi tika apstiprināti 1992 IUPAC . 1997 , viņi maina nosaukumu uz bohrium .

HASSIUM
Atomu skaits : 108
Ķīmiskais simbols : Hs
Grupa VIII BTransactinide

1984komandu vadībā Peter Ambruster un Gottfried Munzenberg paziņoja atklāšana unniloctium , elementa 108 . Tā bijapati komanda , kas bija sintezētas bohrium . Nosaukums viņi ierosināja bija hassium pēc haasia latīņu nosaukumu Vācijas valsts Hesenē . 1992IUPAC apstiprināja secinājumus un vārdu . Ķīmiskās un fizikālās īpašības ir zināma.

MEITNERIUM
Atomu skaits : 109
Ķīmiskais simbols : Mt
Grupa VIII BTransactinide

1982 ,Darmstadt komanda paziņoja atklāšana elementa 109 bombardējot bismuta 209 ar augstu enerģijas dzelzs 58 joniem. Neticami, jo tas var likties tikai 3 atomi tika izveidoti , un tie bojāto jautājums 3.4 tūkstošdaļu sekundes . Viņi ierosināja nosaukt to pēc Lise Meitner kas bija dūri , kas aprakstīta kodoldalīšanās kopā ar Otto Hahn .

UNUNNILIUM
Atomu skaits : 110
Ķīmiskais simbols ; Uun
Grupa VIII BTransactinide

Pēc gandrīz 10 gadiem starptautiskie zinātnieki strādā pie GSI Vācijā veiksmīgi izveidojis četras vai piecas atomus jaunu elementu 110 . Izmantojot lielu paātrinātājs vadīt niķeļa atomus ar lielu ātrumu viņi bombardē plānas folijas svina ar šo strauji mainīgo atomiem niķeļa . Jaunais elements ātri pārtraukumiem intervālu un pārvēršas vieglākas atomiem. Tā tika atklāta ar 4 alfa daļiņām, tas izstaro tās sabrukšanas procesā .

UNUNUNIUM
Atomu skaits : 111
Ķīmiskais simbols : uuu
IB grupaTransactinide

Ķīmiskās īpašības elementa 111 , nav zināmi . Jo tas atrodas tajā pašā kolonnā , zelta un sudraba tas ir iespējams,metāla . Pēc paātrinot niķeļa atomus lielu ātrumu Vācu zinātnieki bombardēti bismuta ar šo strauji mainīgo niķeļa atomiem . Šī elementa noteikšana ir būtiska , jo tā atbalsta teoriju , ka pastāv" sala stabilitātes " attiecībā uz elementiem, kas atrodas tuvu elementu 114 .Elementam ir pussabrukšanas apmēram 8 reizes lielāks nekā ununnilium .

UNUNBIIUM
Atomu skaits : 112
Ķīmiskais simbols : Uub
II grupā BTransactinide

Gada 9,1996 februāris GSI Vācijā paziņoja par elementa 112 visa kredīta starptautiskajai komanda ar Peter Ambruster . Viņi bija bombardēti cinka atomus , kas tika paātrinātas , lai lielā ātrumā ar strauji pārvietojas lodes svina . Sadursmes laikācinka atoms izdevies saplūst ar svina atomu .

UNUNQUADIUM
Atomu skaits : 114
Ķīmiskais simbols : Uuq
IB grupaTranscatinide

1999.gadāzinātnieku grupa , ko apvienotajā Institute for Nuclear Research Krievijā paziņoja par jaunu ultra - smagā metāla . Komanda izmantojusi ciklotrona bombardēt plutoniju 244 ar gaismas kalcija 48 kodoliem . Pēc aptuveni 40 dienu bombardēšanas ,calicium kodols ar 20 protoniem kausēta ar plutonija kodolu ar 94 protoni uzrādot elementu ar 114 protoniem . Lai gan nestabila tā saglabājusies salīdzinoši ilgu laiku .

Apņēmību atrast dabas slēptās atbildes nav mazinājušies . Meklējumi paliek arvien turpināt meklēt jaunus smagais elementiem . Virzītājspēks centienos irmeklēt zināšanas , kas uzsāks bagātīgu jaunu studiju nozarē kodolieroču un ķīmisko īpašību elementiem.

Ir arīvairāk utilitārs motivācija meklējot elementu , kas veido salu stabilitāti. Daudzi zinātnieki uzskata, ka, piemēram, šie jaunie elementi būs neparastas materiālus ar eksotisko īpašības nekad nav redzējis . Atbildes tiek meklēta šajā darbā , ir būtiska nozīme, lai mūsu izpratni par Visumu.

www.ingramcontent.com/pod-product-compliance
Lightning Source LLC
Chambersburg PA
CBHW070727180526
45167CB00004B/1650